RENATE VOGL

Riesenfensterbilder zu Weihnachten

AUGUSTUS VERLAG

Liebe Bastelfreunde,

wenn die Tage kürzer und die Abende länger werden, dann ist auch das Weihnachtsfest nicht mehr weit. Bei den Kindern wächst die Spannung angesichts des bevorstehenden Ereignisses jeden Tag ein bißchen mehr. Um die Erwartung der Kleinen etwas zu dämpfen, werden im Kreise der Familie erste weihnachtliche Vorbereitungen getroffen. Plätzchen backen, basteln und Räume festlich dekorieren, gehören von jeher zu den ältesten Bräuchen in der Adventszeit.

Mit diesem Buch „Riesenfensterbilder zu Weihnachten" möchte ich Sie und Ihre Familie dazu anregen, in der Vorweihnachtszeit ein paar besinnliche und harmonische Bastelstunden miteinander zu verbringen. Panoramafenster oder große Fenster, wie zum Beispiel in Schulen und Kindergärten, warten geradezu darauf, in der Adventszeit „himmlisch" geschmückt zu werden. Materialien wie Tonkarton, Tonpapier und Papierfolien sind umweltfreundlich, kostengünstig und lassen sich außerdem gut verarbeiten. Mit Hilfe der Vorlagen, die leicht abzupausen sind, und einer exakten Anleitung kann jedes Motiv ohne Probleme nachgearbeitet werden. Die Riesenfensterbilder sind aus mehreren Einzelteilen zusammengestellt, können daher untereinander ausgetauscht und als individuelles Gesamtbild auf Ihre Fenstergröße entsprechend aneinandergefügt werden. Auch die Bastelneulinge unter Ihnen habe ich nicht vergessen, denn wer sich noch nicht sofort an ein Riesenfensterbild wagen möchte, kann auf kleinere zurückgreifen, die ich alternativ zu den großen angefertigt habe.

Viel Spaß und ein frohes Weihnachtsfest wünscht Ihnen

Renate Vogl

Inhalt

Material und Werkzeug	6
Nützliche Bastelhilfe	8
Festlich eingerahmt	10
Strahlend im Gegenlicht	24
Dekorativ kunterbunt	34
Himmlisch geschmückt	54

Material...

Schneidunterlage
Sie schützt die Arbeitsfläche vor unschönen Kratz- und Schnittspuren. Wer viel mit dem Cutter arbeitet, sollte sich eine nicht zerschneidbare Arbeitsunterlage besorgen, die in allen Geschäften mit Grafikerbedarf und im Bastelladen zu erhalten ist. Die rutschfeste Oberschicht der Schneidunterlage öffnet sich beim Schneidevorgang und schließt sich sofort wieder. Die untere Schicht aus Hartgummi und PVC sorgt dafür, daß jeder Schnitt in der Unterlage und nicht in der Arbeitsplatte endet.

Transparentpapier
Um die Vorlagen im Buch und auf dem Bogen nicht zu beschädigen, empfehle ich Ihnen, beim Abpausen ein hochtransparentes, farbloses Zeichen- oder Entwurfspapier zu verwenden. Es läßt die Konturen klar erkennbar durchscheinen. Sie erhalten dieses Papier im Schreibwarengeschäft in den Größen DIN A4 und DIN A3 sowie in den Stärken 90 bis 95 g/qm und 110 bis 115 g/qm.

Buntes Transparentpapier
Erst im Licht entfaltet es seine ganze Farbenpracht. Sie erhalten das Papier einzeln in großen Bögen oder bereits farblich sortiert in einer Bastelmappe. Lagern Sie das Papier flächig, um unschöne Knickstellen zu vermeiden.

Tonpapier und Tonkarton
Die Auswahl an Farben ist groß. Das Tonpapier eignet sich für kleinere Bastelmotive oder zum Ergänzen von großen Motivformen aus Tonkarton. Beide Materialien werden in der Papiermasse eingefärbt, so daß auch die Schnittkanten farbig erscheinen. Sie erhalten Tonpapier und Tonkarton in einzelnen Bögen, die Sie sich im Geschäft für den Transport aufrollen lassen. Lagern Sie das Material immer flächig und vor allem an einem trockenen Ort.

Plakatkarton
Er ist einseitig gefärbt und doppelt so stark wie Tonkarton. Ich benütze Plakatkarton nur in den Farben Gold und Silber, da es diese Farbtöne bei Tonkarton nicht gibt. Wem der Zuschnitt zu schwierig ist, kann auf grauen und goldgelben Tonkarton ausweichen. Achten Sie im Geschäft darauf, daß die beschichteten Seiten zum Transport gegeneinanderliegen, um Kratz- und Schmutzspuren zu vermeiden; möglichst nicht aufrollen, da sich unschöne Knickstellen bilden.

Papierfolie
In Bastelgeschäften auch als Bastelfolie bekannt. Das Papier ist beidseitig

...und Werkzeug

mit Alufolie überzogen und in den Farben Rot, Blau, Grün, Violett, Gold, Silber und Kupfer erhältlich. Vorsicht bei der Verarbeitung, da Knickstellen nicht mehr zu entfernen, sind!

Schere und Cutter
Neben Ihrer Bastelarbeit sollten immer eine große Schere und eine Nagelschere bereitliegen. Tonpapier und Papierfolie können damit leicht geschnitten werden. Beim Schneiden von Tonkarton ist ein Cutter empfehlenswert. Die verschiebbare Klinge kann stückchenweise abgebrochen werden. Dies ist dann erforderlich, wenn die Schnittkanten des Kartons ausfransen.

Bleistift
Für die Bastelarbeiten, die ich Ihnen in diesem Buch vorstelle, empfehle ich einen mittelharten (HB) und einen weichen (2B) Bleistift. Mit dem weichen Stift pausen Sie die Vorlagenkonturen ab, mit dem mittleren übertragen Sie diese auf das Bastelpapier. Ein Tip: Um falsch aufgezeichnete Bleistiftlinien auf dem Transparentpapier zu entfernen, verwenden Sie am besten einen Knetgummi. Er ist aus sehr weichem Material, das sich, wie der Name sagt, kneten läßt, und nimmt den Graphit sehr gut auf. Sie erhalten den Radierer im Fachgeschäft für Grafikerbedarf.

Klebeband und Heftgerät
Bei doppellagigen Ausschnitten können Sie Karton und Papier außerhalb der Motivkonturen mit Klebeband oder Heftgerät zusammenhalten. Um sehr große Vorlagen abpausen zu können, kann es sein, daß Sie zwei bis drei hochtransparente Zeichenblätter (siehe Transparentpapier) aneinandersetzen müssen. Verwenden Sie hierzu beschriftbares, transparentes Klebeband, damit Sie die Konturen exakt abpausen können. Doppelseitiges, transparentes Klebeband benötigen Sie, um einzelne Bildmotive auf der Glasscheibe zu fixieren. Dies alles ist in Baumärkten und Schreibwarengeschäften zu erhalten.

Klebstoff
Für Klebearbeiten eignet sich sehr gut Fixogum, da sich dieser Klebstoff leicht von der Bastelarbeit abrubbeln läßt. Dies ist besonders nützlich, wenn beim Zusammenkleben der Motive Klebstoff an den Rändern hervorquillt. Lassen Sie ihn etwas antrocknen, und rubbeln Sie die Klebemasse mit dem Finger weg. Beim Dekorieren der einzelnen Fenster habe ich festgestellt, daß sich Fixogum auch zum Ankleben von kleineren Motiven auf die Glasscheibe eignet.

Nützliche...

Die Basteltips auf dieser Seite erleichtern Ihnen den Einstieg in Ihre Bastelarbeit. Alle Vorlagen im Buch und auf den beiden Bögen sind in Originalgröße dargestellt, so daß Sie sich das Vergrößern durch eine Rasteraufteilung oder mit dem Fotokopierer ersparen. Sie schonen Buch und Vorlagebögen, wenn Sie bestimmte Abpaustechniken beachten, die hier beschrieben sind. Auch das Übertragen auf Tonkarton oder Tonpapier sowie das Zuschneiden der einzelnen Motive bedarf einer Technik, die hier in Wort und Bild festgehalten ist.

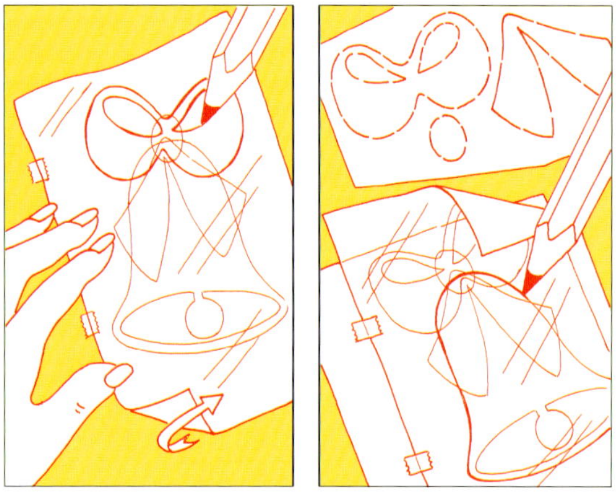

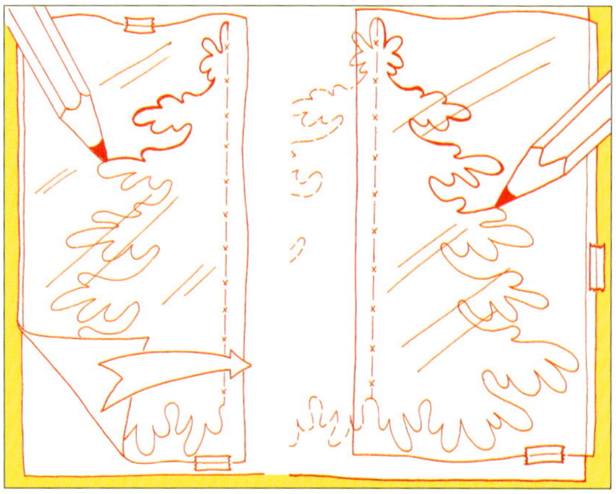

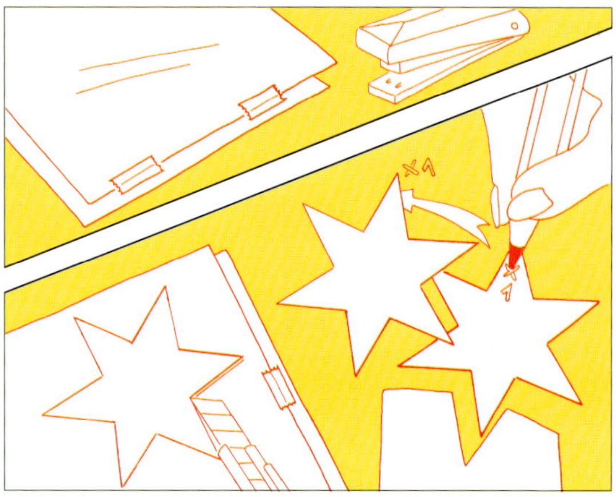

Motive abpausen und übertragen
Legen Sie transparentes Zeichenpapier auf die Vorlage; fixieren Sie es mit kleinen Klebebandstreifen. Zeichnen Sie das Motiv mit einem 2B-Bleistift ab; übernehmen Sie auch die Zuschnittangaben der einzelnen Details. Zum Übertragen der Konturen auf das Bastelpapier wenden Sie Ihre transparente Vorlage, so daß die beschriftete Seite unten liegt. Fixieren Sie auch hier Ihre Vorlage. Nehmen Sie einen HB-Bleistift, und zeichnen Sie mit leichtem Druck die Konturen nach; der Graphit auf der Vorlagenunterseite bleibt auf dem Bastelpapier haften. Achtung: Verwenden Sie bei transparenten Fensterbildern Kohlepapier!

Vorlagen beim Übertragen kontern
Auf den Vorlagebögen sind ein paar Motive nur in halber Kontur aufgezeichnet, deren Mittellinie als Strich-Kreuz-Strichlinie dargestellt ist. Pausen Sie das Motiv inklusive der Mittellinie ab, und übertragen Sie die halbe Vorlage, wie oben beschrieben, auf Ihr Bastelpapier. Die Mittellinie (Konterlinie) oben und unten nur andeuten. Wenden bzw. kontern Sie das Transparentpapier, und legen Sie es erneut spiegelverkehrt – Konterlinie auf Konterlinie – auf das Bastelpapier; achten Sie darauf, daß die Motivkonturen oben und unten exakt aufeinandertreffen. Zeichnen Sie erneut die Konturlinie nach; so erhalten Sie die zweite Hälfte des Motivs.

Motive in doppelter Lage ausschneiden
Motive oder Details davon können in einem Arbeitsgang mehrfach ausgeschnitten werden. Legen Sie zwei Bögen Ihres Bastelpapiers aufeinander, und halten Sie die Lagen entlang den Außenkanten mit Klebeband oder Klammern zusammen. Übertragen Sie die Motivvorlage, und schneiden Sie entlang den Konturen das Motiv aus. Bei Sternen, die später paarweise zusammengeklebt werden, ist es ratsam, sofort nach dem Zuschnitt eine Zackenspitze auf den Innenseiten mit einem Kreuz zu kennzeichnen. Benötigen Sie mehrere Sternpaare, so numerieren Sie zusätzlich die Ausschnitte, so daß Sie diese nicht vertauschen können.

...Bastelhilfe

Motive auf einen Rahmen kleben
Bevor Sie einzelne Motive auf einen Rahmen kleben oder anderen Motiven, die zum Bild gehören, anpassen, arrangieren Sie wunschgemäß alle Teile vorab ohne Klebstoff. Zeichnen Sie das entsprechende Motiv auf dem Untergrund auf: Halten Sie dabei das Teil mit einer Hand fest, und umranden Sie den Bereich, der aufgeklebt werden soll, entlang den Konturen. Entfernen Sie dann das Motiv. Streichen Sie innerhalb der gezeichneten Konturlinien Klebstoff auf die Unterlage, und kleben Sie das Motiv auf. Ein Tip: Verstreichen Sie den Klebstoff nach dem Auftragen mit dem Finger, um ein Hervorquillen am Motiv zu vermeiden.

Mit buntem Transparentpapier arbeiten
Nachdem Sie das Bild ausgeschnitten haben, legen Sie ein größeres Stück buntes Transparentpapier über die gewünschte Fläche, und zeichnen Sie die Form auf der Stegmitte mit einem Filzstift nach. Schneiden Sie dieses Motivdetail aus. Tragen Sie auf den betreffenden Stegen Klebstoff auf, und kleben Sie den Ausschnitt darüber. Sie können auch zuerst Klebstoff auf die Stege auftragen, buntes Transparentpapier darüberplazieren und mit dem Cutter vorsichtig, mittig dem Steg folgend, das restliche Papier entfernen. Ein Tip: Legen Sie dunkelfarbige Stegbilder auf einen hellen Untergrund, um die Stege deutlich zu erkennen.

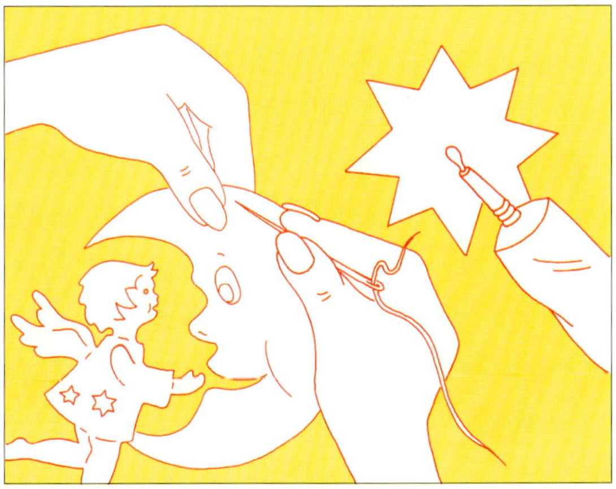

Bildmotive aufhängen und dekorieren
Sie können die Fensterbilder mit einem Faden am Fensterrahmen aufhängen (Ranken und Girlanden mit drei Fäden an der Oberkante rechts, links und mittig verteilt) oder mit kleinen Stücken transparentem, doppelseitigem Klebeband direkt auf der Fensterscheibe plazieren. Mitteln Sie die Fensterbilder zwischen Daumen und Zeigefinger aus, markieren Sie die Stelle, und ziehen Sie mit Hilfe einer Nadel einen Faden hindurch. Einzelne Sterne können auch mit Fixogum direkt an der Scheibe befestigt werden. Auf die Rückseite des Sterns Klebstoff auftragen, etwas antrocknen lassen, dann den Stern gegen die Scheibe drücken.

Für manche Bastler unter Ihnen mag die Zusammenstellung einzelner Motivteile zum Gesamtbild etwas schwierig erscheinen. Jedoch gibt es Tricks, um den einen oder anderen Arbeitsschritt zu erleichtern. Auch das Arbeiten mit buntem Transparentpapier bedarf einer besonderen Technik. Um Probleme, ganz gleich welcher Art, erst gar nicht aufkommen zu lassen, informieren Sie sich auf dieser Seite, wie Sie sauber gearbeitete Bildmotive erhalten und diese dekorativ auf die Glasscheibe kleben oder am Fensterrahmen aufhängen können.

Festlich eingerahmt

Mit Weihnachtssternblüten, Tannenzweigen, Ilex, Sternen und Engeln können große Fenster gerade zur Weihnachtszeit festlich eingerahmt werden. Grundelemente in diesem Kapitel sind Ranken-, Girlanden- und Kranzformen, die trotz ihrer Größe noch viel Licht in den Raum lassen.

Spielzeuggirlande

Material
Tonkarton: Tannengrün, Grün, Weiß, Beige, Gelb
Tonapier: Rot, Mittelblau, Pink, Violett, Gelb, Orange, Weiß, Mittelbraun

Die kleineren Vorlagen zu dieser farbenfrohen Spielzeuggirlande finden Sie auf Seite 14 und 15, die größeren auf Bogen A1 in schwarzer Kontur.

Für den Bildaufbau der Spielzeuggirlande benötigen Sie einen Rahmen aus tannengrünem Tonkarton mit einer Breite von 3 cm, dessen Außenkante rundum 4 cm kleiner sein muß als die eigentliche Größe der Fensterscheibe.
Pausen Sie alle benötigten Vorlagen, wie auf dem Foto ersichtlich, ab. Beachten Sie auch grundsätzlich für alle weiteren Arbeitsschritte die Bastelhilfe auf den Seiten 8 und 9. Übertragen Sie nun den Tannenzweig auf den tannengrünen Tonkarton, und schneiden Sie ihn entlang der Kontur sorgfältig aus. Verwenden Sie dann diesen Kartonzweig als Schablone, und zeichnen Sie ihn noch weitere Male auf.
Schneiden Sie alle Zweige aus. In gleicher Weise schneiden Sie auch die jungen Zweigtriebe (in der Vorlage Zweig 1 und 2) aus grünem Tonkarton zu. Kleben Sie zuerst die Tannenzweige in gleichmäßiger Anordnung auf den Rahmen, und schieben Sie dann die grünen Zweigtriebe in gleichmäßigen Abständen ein. Die nachfolgend aufgeführten Motive entlang der äußeren Form (starke Konturlinie) aufzeichnen und einmal ausschneiden: Den Kasper und die Buntstifte aus beigem Tonkarton, das Schaukelpferd, die Trommel, das Haus und die Kirche aus weißem Tonkarton. Alle weiteren Teile nun entsprechend den Angaben in der Vorlage aus Tonpapier ausschneiden und in gleicher Reihenfolge den einzelnen Motiven beidseitig anpassen: Die Hose vom Kasper bis zur Taille in Blau, die Haare in Schwarz, das Hemd, die Schuhe und die Mütze in Rot, den Kragen in Weiß.
Das Haus erhält ein rotes Dach, einen schwarzen Kamin und blaue Fenster. Die Kirche wiederum erhält ein violettes Dach, gelbe Fenster und ein Portal in Orange. Plazieren Sie auf dem Dach gelbe Sterne (in der Vorlage Stern 1).
Die Trommel mit einem blauen Zackenmuster verzieren, Ober- und Unterkante mit Streifen in Pink und Violett einfassen. Einen 24 cm langen, schmalen Streifen als Haltegurt um die Trommel legen und an der Oberkante festkleben. Dann die Buntstifte in Gelb, Blau und Braun ummanteln und in dem gleichen Farbton die Spitze dazukleben.
Beim Schaukelpferd Mähne und Schwanz mit Filzstift einzeichnen und einschneiden. Die zweiteilige Decke in Orange und Violett aufkleben, auch das Zaumzeug und die untere Kantenverzierung in Violett, die Ohren wiederum in Weiß dazukleben.
Um die einzelnen Motivteile zu vervollständigen, zeichnen Sie nun mit einem dünnen Filzstift beim Kasper die Gesichtszüge und den Faltenwurf seines Hemdes ein; den Kirchturm grenzen Sie optisch durch eine senkrecht verlaufende Linie vom angrenzenden Bauwerk ab; die Buntstifte erhalten durch zwei längs verlaufende Linien Plastizität, und auch das Schaukelpferd wirkt mit Augen und Nüstern lebendiger. Fertigen Sie nun, je nach Größe Ihrer Girlande, noch mehr Spielzeugmotive an, und plazieren Sie die Teile darauf. Schneiden Sie noch ein paar Sterne (in der Vorlage Stern 3) aus, die Sie beliebig auf Vorder- und Rückseite der Girlande aufkleben.
Alternativ zur Riesengirlande kann auch ein kleineres Fensterbild entstehen, wie auf dem Foto rechts zu sehen ist. Hier wird ein kleiner Tannenzweig auf einem großen plaziert (Vorlagen auf Bogen A1, schwarze Kontur); der Kasper reitet auf dem Schaukelpferd und wird mit einem Faden am Zweig befestigt. Ergänzt wird das Bild mit gelben Sternen (in der Vorlage Stern 2).

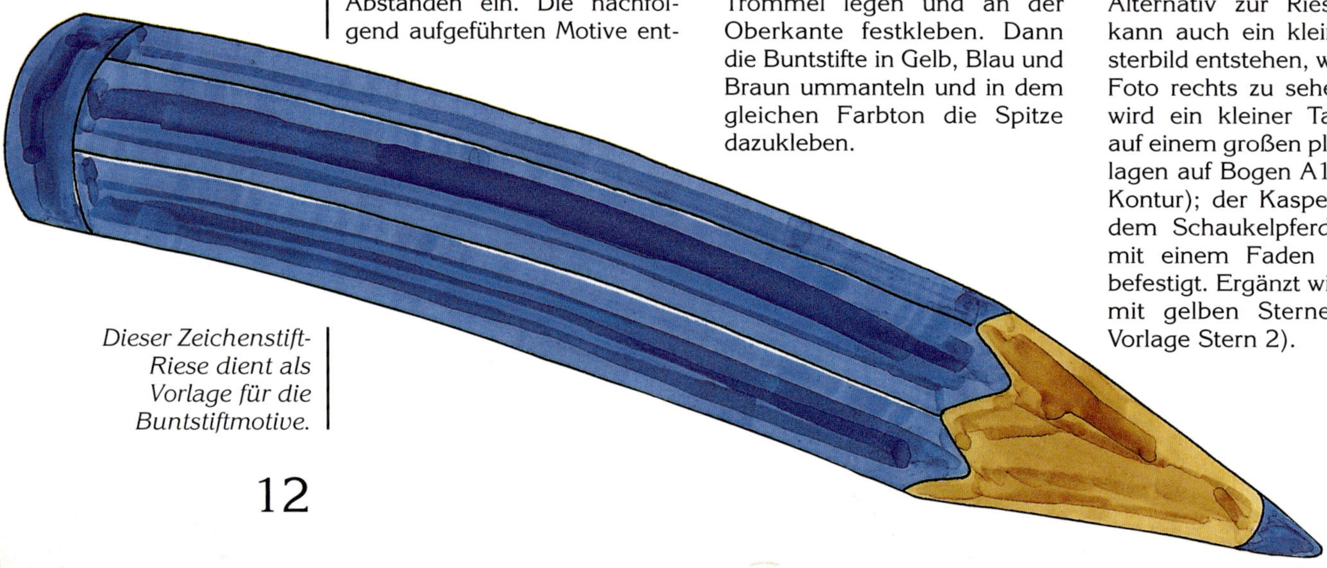

Dieser Zeichenstift-Riese dient als Vorlage für die Buntstiftmotive.

2x
2x
2x
2x
1
2x
2x
2x
2x
2x
2x
2x
2
1

2x
2x
2x
2x

3
2x
2x
2x
2x
2x
2

Weihnachtssterne

Material: Ranke
Tonkarton: Weiß, Grün, Rot , Tannengrün, Tonpapier: Gelb

Material: Kranz
Tonkarton: Weiß, Tannengrün, Tonpapier: Gelb

Die Vorlagen zu den „immerblühenden" Weihnachtssternen finden Sie auf Bogen A1 in schwarzer Kontur.

Mit diesen Weihnachtssternblüten läßt sich jedes Fenster individuell schmücken. Fertigen Sie zusätzlich einzelne Blüten an, und kleben Sie auf deren Rückseite einen Blumendraht als Stiel dagegen. Arrangieren Sie dann die Blumen mit ein paar Tannenzweigen zu einem weihnachtlichen Gesteck.

Zum Bildaufbau der Weihnachtssternranke benötigen Sie einen an der Unterkante geöffneten und an der Oberkante abgerundeten Rahmen aus weißem Tonkarton. Legen Sie hierzu den Karton hochformatig auf. Messen Sie an beiden Seiten 4 cm zur Kartonmitte hin ab. Runden Sie, von der Außenkante ausgehend, die Kartonoberkante ab, und messen Sie auch hier, von der Rundungslinie angefangen, 4 cm ab. Überprüfen Sie die Form, und schneiden Sie den Rahmen aus.
Schneiden Sie anschließend vom grünen Tonkarton der Länge nach 1 cm breite Streifen ab. Umschlingen Sie damit den Rahmen: Beginnen Sie die erste Windung an einer Unterkante. Halten Sie für alle folgenden Windungen einen Abstand von 12 bis 14 cm ein,

und befestigen Sie jede Umschlingung auf der Rahmenrückseite mit etwas Klebstoff.
Pausen Sie die Vorlagen von dem Bogen ab. Beachten Sie grundsätzlich auch die Bastelhilfe auf Seite 8 und 9. Übertragen Sie die Blütenvorlagen einmal auf roten Tonkarton; schneiden Sie die Formen aus, und verwenden Sie diese als Schablonen, um noch weitere Blüten aufzuzeichnen. In der gleichen Weise verfahren Sie mit den Blättern aus grünem und tannengrünem Tonkarton. Verzieren Sie die Blüten mit pfenniggroßen Staubblüten aus gelbem Tonpapier. Kleben Sie dann beliebig Blüten und Blätter auf die grüne Tonkartonranke.
Eine weitere Möglichkeit, das Fenster mit einer Weihnachtssternranke zu verzieren, sehen Sie auf Seite 1 und 2.
Alternativ zur Ranke können Sie auch einen Blütenkranz anfertigen.
Sie benötigen hierzu aus weißem Tonkarton einen 2 cm breiten, kreisrunden Rahmen mit einem Durchmesser von 28 cm ab der Außenkante.
Übertragen Sie die kleine Weihnachtssternblüte auf weißen, die Blätter auf tannengrünen Tonkarton. Halten Sie sich an die Arbeitsschritte, wie oben beschrieben. Schneiden Sie so viele Blüten und Blätter aus, um Vorder- und Rückseite des Rahmens abdecken zu können.
Zum Schluß die Staubblüten mit einem Locher ausstanzen und jeweils fünf davon in die Mitte jeder Blüte kleben.

Ilex-Bärchengirlande

Material: Girlande
Tonkarton: Blau, Braun, Beige, Mittelbraun, Tannengrün
Tonpapier: Weiß, Beige, Ocker, Rot

Material: Fensterfries
Tonkarton: Mittelbraun, Tannengrün
Tonpapier: Beige, Blau, Weiß, Pink

Die Vorlagen zur Ilex-Girlande mit den herumpurzelnden Bärchen und die Vorlagen zum Fensterfries unten finden Sie auf Seite 20 und 21.

Für die Ilex-Bärchengirlande benötigen Sie einen blauen, rechteckigen Rahmen mit einer Breite von 2 cm, der rundum 8 cm kleiner sein sollte als die Größe der Fensterscheibe. Pausen Sie alle Vorlagen im Buch ab, und beachten Sie dabei auch die Bastelhilfe auf Seite 8. Übertragen Sie den Ilex-Zweig und das Ilex-Blatt einmal auf den tannengrünen Tonkarton, und schneiden Sie die Formen entlang der Kontur sorgfältig aus. Verwenden Sie diese Ausschnitte als Schablonen, um noch mehrere Zweige und Blätter aufzuzeichnen. Schneiden Sie danach alle Ilex-Teile aus, und verteilen Sie diese auf dem Rahmen, um die benötigte Anzahl festzustellen. Der Rahmen kann auf Vorder- und Rückseite mit Ilex bestückt werden. Befestigen Sie alle Teile mit etwas Klebstoff. Übertragen Sie nun die Bärchenvorlagen auf die verschiedenen Brauntöne Ihres Tonkartons. Zeichnen Sie Bärchen 1 in seiner Gesamtform einmal auf. Von Bärchen 2 benötigen Sie einmal den Körper, zweimal den Arm und zweimal das Bein. Schneiden Sie die Formen aus, und verwenden Sie die Teile nun als Schablonen, um weitere Bärchenfiguren aufzuzeichnen.
Alle Teile sorgfältig ausschneiden. Von beiden Bärchen den Bauch und die Schnauze aus beliebigfarbigem Tonpapier ausschneiden. Bärchen 1 erhält diese Teile auf der Vorderseite, bei Bärchen 2 passen Sie diese Teile sowie Arme und Beine beidseitig an. Die Stellung der Körperteile kann beliebig erfolgen: sitzend, springend, purzelnd, stehend oder gehend. Um die Bärchen zu vervollständigen, nun das Augenweiß aus Tonpapier aufkleben, dann die Pupille und Gesichtszüge mit einem dünnen, schwarzen Filzstift aufzeichnen. Kleben Sie nun die Figuren auf die Girlande, und beachten Sie hierzu auch die Bastelhilfe auf Seite 9. Zum Schluß noch die Ilex-Beeren in beliebiger Anordnung in die Mitte der Zweige kleben.
Alternativ zur Ilex-Bärchengirlande können Sie auch ein Fensterfries aus Bärchen und aus Tannenbäumen anfertigen. Arbeiten Sie die Bärchen, wie oben bereits beschrieben, und schneiden Sie die Tannenbäume entsprechend der Vorlage aus tannengrünem Tonkarton zu. Beachten Sie auch die Bastelhilfe auf den Seiten 8 und 9. Verzieren Sie die Bäume mit Sternen (in der Vorlage Stern 1) und mehreren einmarkstückgroßen Kugeln. Arrangieren Sie Bärchen und Tannenbäume zu einem bezaubernden Fensterfries.

1
2
2x
2x
2x
2x

1
2x
2
2x
4x
2x
2x
Konterlinie
3
4
5

Sternenkette

Material
Tonkarton: Blau, Weiß, Pink

Die Vorlagen zur Sternenkette finden Sie auf Seite 21.

Diese Fensterdekoration ist schnell nachgebastelt. Am besten verwenden Sie für die Klebearbeit Bastelleim, der die Kettenglieder schnell in Form hält.
Schneiden Sie zuerst aus dem blauen Tonkarton 22 cm lange und 2 cm breite Tonkartonstreifen zu. Für ein Fenster von ca. 95 x 65 cm benötigen Sie etwa 29 bis 35 Streifen.

Kleben Sie den ersten Streifen zu einem Ring zusammen. Führen Sie danach einen weiteren Streifen durch den ersten, und schließen Sie auch diesen zum Ring. Halten Sie die Verbindungsstellen zunächst nur provisorisch mit einer Wäscheklammer zusammen. In dieser Arbeitsweise fügen Sie ein Kettenglied nach dem anderen ineinander.

Die Sternenkette kann beliebig am Fenster angebracht werden. Ob als Einrahmung oder oberhalb des Fensters in mehreren Bögen drapiert, beim Blick aus dem Fenster vermittelt sie weihnachtliche Atmosphäre.

Pausen Sie nun die Vorlagensterne 3, 4 und 5 ab, und übertragen Sie den Stern 5 einmal auf weißen Tonkarton. Schneiden Sie ihn aus, und verwenden Sie das Teil als Schablone, um noch weitere Sterne aufzuzeichnen. Sie benötigen so viele Sterne in Weiß und Pink wie Sie Kettenglieder angefertigt haben. Kleben Sie die Sterne in der Farbe abwechselnd mittig auf die Kettenglieder. Das mittlere Glied der Kette frei lassen. Übertragen Sie nun Stern 3 auf weißen Tonkarton, und schneiden Sie ihn aus. Mit dieser Schablone zeichnen Sie noch zwei bis drei weitere Sterne auf den weißen und einen oder zwei auf den pinkfarbigen Tonkarton. In der gleichen Weise verfahren Sie im Farbton kontrastierend zu den großen Sternen mit Stern 4. Kleben Sie die Sterne, wie im Foto ersichtlich, aufeinander. Plazieren Sie einen Stern auf dem mittleren Kettenglied, die anderen befestigen Sie mit Hilfe eines Fadens an den Kettengliedern, die beim Aufhängen an der Fensteroberkante liegen.
Sie können die Sternenkette dem Farbton von Raumdekoration oder Fensterrahmen anpassen. Für einen dunkelbraunen Rahmen kombinieren Sie: Dunkelbraun für die Kette, Mittelbraun und Gelb für die Sterne. Für einen weißen Rahmen verwenden Sie die Farben der abgebildeten Kette oder fertigen die Kettenglieder in Weiß, die Sterne in Grau und Gelb an.

Engelreigen

Zum Bildaufbau des Engelreigens benötigen Sie einen 3 cm breiten, kreisrunden Rahmen, dessen Durchmesser ab der Außenkante 31 cm beträgt. Zeichnen Sie den Rahmen mit Hilfe eines Zirkels auf den grauen Tonkarton auf, und schneiden Sie ihn aus.
Pausen Sie anschließend die Vorlage des Engelchens und die von Stern 2 ab. Beachten Sie hierzu auch die Bastelhilfe auf Seite 8. Übertragen Sie die einzelnen Teile wie nachfolgend beschrieben: den Körper des Engelchens (starke Konturlinie) und den Stern einmal auf gelben, den Flügel einmal auf grauen, das Ponchocape, den seitlichen Verschlußriegel und den Ärmel einmal auf braunen Tonkarton. Die Hand auf beigem Tonpapier aufzeichnen. Schneiden Sie alle Teile sorgfältig aus. Verwenden Sie nun die Ausschnitte als Schablonen, und zeichnen Sie die Formen erneut auf. Für diese Fensterbildgröße benötigen Sie sechs Engelchen. Pro Engel brauchen Sie einmal den Körper und den Stern, zweimal den Flügel, die Hand, das Cape und den Verschlußriegel sowie viermal den Ärmel.
Legen Sie nun den Körper auf das beige Tonpapier, und zeichnen Sie die Kopfform nach. Entfernen Sie den Körper wieder, und ergänzen Sie die Kopfkontur am Halsansatz. Schneiden Sie pro Engelchen die Kopfform zweimal aus, und kleben Sie die Teile beidseitig auf den Kopf des gelben Körperteils.

Die Flügel am Rücken ebenfalls festkleben. Nun paßt man die Capezuschnitte am Körper beidseitig an. Legen Sie dann die Ärmel paarweise aufeinander, schieben Sie die Hand an der Ärmelunterkante ein, und kleben Sie die einzelnen Teile zusammen. Die Ärmel und den Verschlußriegel ebenfalls beidseitig auf den Körper kleben. Den Stern wiederum innerhalb der Handflächen befestigen. Plazieren Sie die Engelchen in gleichmäßigen Abständen auf dem Tonkartonring, und befestigen Sie alle Figuren mit etwas Klebstoff. Beachten Sie auch die Bastelhilfe auf Seite 9.
Zum Aufhängen des Fensterbildes am Kartonring einen Faden einziehen und zusätzlich in die Kreismitte einen Stern hängen.
Das Fensterbild kann beliebig erweitert werden, indem Sie den Rahmen größer zuschneiden; verändern Sie aber nicht die Rahmenbreite von 3 cm. Fertigen Sie auch entsprechend mehr Engelchen an, die dann im großen Kreis das Fenster einrahmen.

Material
Tonkarton: Grau, Braun, Gelb
Tonpapier: Beige

Die Vorlagen zu diesem „himmlischen“ Engelreigen finden Sie auf Seite 21.

Singend einhergehend und mit Sternen bestückt, kündigen diese Engel die Weihnachtszeit an. Ein reizvolles Fensterbild, das schnell und leicht nachzubasteln ist.

Strahlend im Gegenlicht

Bilder, die das Licht lieben. Mit diesen transparenten Papierbildern setzen Sie Ihr Fenster farbenfroh in Szene. Ob in detaillierter Feinarbeit oder in einfacherer Form ausgeschnitten – im Gegenlicht der Wintersonne erstrahlt jedes Motiv in seiner ganzen Pracht.

Dorf im Winterkleid

Material
Tonkarton: Weiß
Tonpapier: Grau
Transparentpapier: Bastelmappe mit verschiedenfarbigen Transparentblättern

Die Vorlage zum Dorf finden Sie auf Bogen B1 in schwarzer Kontur.

Wer im Papierschnitt bereits etwas Übung hat, kann sich sofort an das detailliert ausgearbeitete Dorf auf der vorherigen Doppelseite wagen. Pausen Sie die Vorlage exakt ab. Dabei sollten Sie auch die Bastelhilfe auf Seite 8 beachten. Übertragen Sie die Vorlagen wegen der vielen Konturen mit Hilfe von Kopierpapier auf den weißen Tonkarton.

Dieses „strahlende" Engelchen dient als Vorlage, um das verschneite Dorf zusätzlich zu schmücken. Mehrfach gearbeitet und hintereinander angeordnet, können Sie auch einen „himmlischen Engelszug" gestalten.

Hinterlegen Sie danach den Karton ganzflächig mit grauem Tonpapier, und halten Sie beide Papierlagen an den Seitenrändern mit Klebeband oder Heftklammern zusammen. Schneiden Sie nun sorgfältig die einzelnen Formen wie Fenster, Türen, Sterne, Himmel und Teile des Mauerwerks entlang den Konturlinien heraus. Betrachten Sie dabei immer wieder das Foto, um Fehlschnitte zu vermeiden. Beginnen Sie mit den kleinsten Innenflächen, und schneiden Sie die Außenkontur des Bildes zum Schluß aus. Klappen Sie nun den Karton- und den Papierzuschnitt auseinander, und überkleben Sie die einzelnen Flächen auf der Tonkartonrückseite mit buntem Transparentpapier. Beachten Sie hierzu die Bastelhilfe auf Seite 9. Zum Schluß streichen Sie den Tonpapierzuschnitt mit Klebstoff ein, plazieren ihn kantengleich auf der Rückseite des Kartonteils, so daß das Transparentpapier zwischen beiden Bildteilen liegt.
Alternativ zu dieser Ausarbeitung können Sie Häuser und Kirche auch einzeln abpausen. Bei einfachen Bildmotiven, wie rechts auf dem Foto zu sehen, zeichnen Sie den Bildumriß nach. Bestimmen Sie dann, welche Innenstege stehenbleiben sollen; pausen Sie auch diese ab, und ergänzen Sie danach die unterbrochenen Linien. Achten Sie darauf, daß jeder Steg auf einen anderen oder an eine größere Flächenform grenzt.

Schäfchenwolke

Material
Tonkarton: Schwarz
Tonpapier: Schwarz
Transparentpapier: Bastelmappe mit veschiedenfarbigen Transparentblättern

Pausen Sie die Vorlage zur Schäfchenwolke von Bogen B1 (schwarze Kontur) ab. Am besten verwenden Sie dazu ein hochtransparentes Zeichenpapier; eventuell zwei Papierbögen mit überschreibbarem, transparentem Klebeband aneinanderkleben. Halten Sie das Transparentpapier an zwei Seiten mit schmalen Klebestreifen fest, so daß es während des Abpausens nicht verrutschen kann.

Übertragen Sie nun das Bildmotiv mit Hilfe von Kopierpapier auf den schwarzen Tonkarton. Halten Sie auch hier die abgepauste Vorlage mit schmalen Klebestreifen fest. Zeichnen Sie die Konturlinien kräftig nach, so daß sich diese später auf dem Karton deutlich hervorheben. Entfernen Sie die Vorlage, und legen Sie das schwarze Tonpapier unter den Tonkarton. Halten Sie beide Lagen an den Außenkanten mit Klebeband oder Heftklammern rutschfest zusammen.

Schneiden Sie nun nacheinander zuerst die kleineren Flächen und zum Schluß die äußere Bildkontur aus. Klappen Sie die beiden Bildzuschnitte auseinander, und legen Sie das Kartonbild mit der Rückseite nach oben auf eine weiße Unterlage, so daß die Bildkonturen durch das farbige Transparentpapier deutlich zu erkennen sind.

Überkleben Sie nun die einzelnen freien Flächen mit dem transparenten Buntpapier. Beachten Sie hierzu auch die Bastelhilfe auf Seite 9.

Zum Schluß streichen Sie den Tonpapierzuschnitt mit Klebstoff ein und plazieren ihn kantengleich auf der Rückseite des Tonkartonbildes, so daß sich das Transparentpapier zwischen beiden Bildlagen befindet.

Plazieren Sie nun die beiden himmlischen Freunde in einem strahlenden Sternenhimmel. Sie können auch mehrere Schäfchenwolken anfertigen – mit oder ohne Engelchen –, so daß ein Wolkenmeer Ihr Fenster ziert.

Sternenhimmel

Pausen Sie von Bogen B2 (schwarze Konturlinie) die Außenkontur von Wolke 2 sowie den Rahmen von Wolke 4 ab. Außerdem benötigen Sie Stern 3 auf Seite 21 und 47.
Übertragen Sie beide Wolkenmotive auf den Tonkarton. Beachten Sie hierzu auch die Bastelhilfe auf Seite 8: „Motive übertragen“ und „Halbe Motivvorlagen kontern“. Die Sternvorlagen einmal außerhalb der Wolkenbereiche ebenfalls auf Tonkarton übertragen, dann ausschneiden. Verwenden Sie diese Sternzuschnitte als Schablonen, und zeichnen Sie sie beliebig oft in die große Wolke ein. Legen Sie nun das Tonpapier unter den Tonkarton, und halten Sie die beiden Lagen an den Kanten mit Klebeband zusammen. Schneiden Sie die Sterne aus der großen Wolke und die Innenfläche von Wolke 4 aus. Dann erst schneiden Sie die Außenkonturen der beiden Wolken aus. Klappen Sie nun die Zuschnitteile auseinander, und überkleben Sie dann die freien Flächen mit buntem Transparentpapier. Beachten Sie hierzu auch die Bastelhilfe auf Seite 9. Kleben Sie die Wolkenteile paarweise zusammen, so daß das Transparentpapier dazwischen liegt. Die kleinen, ausgeschnittenen Sterne beiseite legen.
Um den größeren Sternrahmen zu erhalten, zeichnen Sie den kleinen Stern in den großen. Schneiden Sie anschließend diese Sternform ebenfalls mit unterlegtem Tonpapier aus. Überkleben Sie danach die Sternrahmen auf der Rückseite des Tonkartons mit gelbem und violettem Transparentpapier. Schließlich das dazugehörige Tonpapierteil kantengleich dagegenkleben. Nun noch drei kleine Sterne auf die transparente Fläche der kleinen Wolke kleben und letztere mit den restlichen Sternen in unterschiedlicher Anordnung mit einem Faden an der Unterkante der großen Wolke aufhängen.

Material
Tonkarton: Weiß
Tonpapier: Grau
Transparentpapier: Gelb, Violett

Weihnachtszug

Material
Tonkarton: Blau
Tonpapier: Blau
Transparentpapier: Bastelmappe mit verschiedenfarbigen Transparentblättern

Die Vorlagen zum Weihnachtszug finden Sie auf Bogen B1 in schwarzer Kontur.

Pausen Sie die Vorlagen zum Weihnachtszug am besten mit einem hochtransparenten Zeichenpapier ab, und übertragen Sie die Konturen auf den blauen Tonkarton. Beachten Sie hierzu auch den Bastelhinweis auf Seite 8.
Entfernen Sie das Transparentpapier, und legen Sie das blaue Tonpapier unter den Tonkarton. Halten Sie beide Lagen an den Außenkanten mit Klebeband oder Heftklammern rutschfest zusammen. Schneiden Sie nun zuerst die inneren Motivflächen, dann erst die äußere Motivkontur aus. Klappen Sie die Zuschnitteile auseinander, und überkleben Sie die freien Flächen auf der Rückseite des Tonkartons mit buntem Transparentpapier. Beachten Sie hierzu auch den Bastelhinweis auf Seite 9.
Legen Sie die Bildteile paarweise auf. Streichen Sie dann das Tonpapiermotiv mit Klebstoff ein, und fügen Sie die Teile kantengleich zusammen. Fertigen Sie noch ein paar einzelne Tannenbäume und Sterne (Stern 2 auf Seite 21) an, und lassen Sie dann den Zug durch einen „weihnachtlichen“ Wald fahren.
Die Bildmotive können Sie an einem Faden am Fensterrahmen aufhängen oder mit transparentem, doppelseitigem Klebeband bzw. mit Fixogum an das Fenster kleben. Beachten Sie hierzu auch den Hinweis auf Seite 9.

Alle Jahre wieder kann der Zug mit einem Waggon verlängert werden. Wer einen leeren Wagen anhängen will, verwendet die nebenstehende Illustration als Vorlage.

Adventslicht

Material
Tonkarton: Schwarz oder Tannengrün
Tonpapier: Schwarz oder Tannengrün
Transparentpapier: Bastelmappe mit verschiedenfarbigen Transparentblättern

Die Vorlage zu den strahlenden Adventslichtern finden Sie auf Bogen B1 in schwarzer Kontur.

Lassen Sie Ihr Fenster im Kerzenglanz erstrahlen: Fertigen Sie eine lange Lichterkette oder ein einzelnes Kerzenmotiv an. Für das Fensterfries unten berücksichtigen Sie beim Abpausen der Vorlage den seitlichen Rahmen. Das Einzelmotiv pausen Sie wiederum ohne Rahmen ab; ergänzen Sie dann die unterbrochenen Linien. Verwenden Sie für diesen Arbeitsschritt am besten ein hochtransparentes Zeichenpapier, das die Linien gut sichtbar durchscheinen läßt. Befestigen Sie nun das Transparent an zwei Außenkanten mit schmalen Klebestreifen, so daß Sie die Vorlage beim Arbeiten nicht ständig festhalten müssen.

Übertragen Sie die Konturen mit Hilfe von Kopierpapier auf den Tonkarton. Fixieren Sie auch hier Ihre Vorlage an zwei Außenkanten mit schmalen Klebestreifen.

Nachdem Sie die Konturen durchgepaust haben, entfernen Sie wieder Ihre Vorlage. Legen Sie nun das Tonpapier unter den Tonkarton, und halten Sie beide Lagen an den Außenkanten mit Klebeband zusammen.

Schneiden Sie zuerst die inneren Motivflächen, dann erst die äußere Motivkontur aus. Klappen Sie dann die Zuschnitteile auseinander, und überkleben Sie die freien Flächen auf der Tonkartonrückseite mit buntem Transparentpapier. Beachten Sie hierzu auch die Bastelhilfe auf Seite 9.

Legen Sie die Bildteile seitenrichtig auf, streichen Sie das Tonpapierteil mit Klebstoff ein, und fügen Sie dann beide Bildteile kantengleich zusammen. Beim Fensterfries kleben Sie die einzelnen Bildmotive entlang der Ansetzlinie (in der Vorlage eingezeichnet) aneinander.

Befestigen Sie das Fries mit transparenten, doppelseitigen, schmalen Klebebandstreifen an der Glasscheibe. Das Einzelmotiv mitteln Sie an der Oberkante aus, ziehen mit Hilfe einer Nadel einen Faden ein und befestigen diesen am Fensterrahmen.

Dekorativ kunterbunt

Neben den traditionellen Motiven wie St. Nikolaus und Christbaum finden Sie in diesem Kapitel auch heitere Bildszenen: Da purzelt Kater Samtpfote beim Anzünden der Kerzen vom Tannenbaum, Waldvögel sind eifrig beim Geschenkeverpacken, und Schneemannkinder tummeln sich in einer Schneeballschlacht.

Fleißige Gesellen

<u>Material:</u>
<u>Vögel mit Herz</u>
Tonkarton: Rot, Blau, Erbsengrün, Tannengrün, Weiß, Ocker, Goldgelb, Braun, Beige

Die Vorlagen finden Sie auf Bogen A1 in schwarzer Kontur.

<u>Material:</u>
<u>Vogelhäuschen</u>
Tonkarton: Blau, Weiß, Tannengrün, Gelb, Mittelbraun, Mittelblau, Beige, Orange

Die Vorlagen finden Sie auf Bogen A1 in schwarzer Kontur und auf Seite 38.

Pausen Sie die Vorlagen zur Bildszene auf Seite 34 ab. Beachten Sie auch die Bastelhilfe auf Seite 8 und 9. Übertragen Sie die Herzkontur auf den roten Tonkarton, und schneiden Sie die Form einmal aus. Übertragen Sie auch alle anderen Formen auf Tonkarton; wählen Sie entsprechend dem Foto den passenden Farbton. Steht bei den Details der Vorlage keine Zuschnittangabe, so schneiden Sie die betreffenden Teile einmal zu. Fertigen Sie zuerst die Vögel an: Die weiße Bauch- und Kopfverzierung beidseitig am Körper aufkleben. Haarbüschel und Schnabel am Kopf beidseitig plazieren sowie Beine und Flügel am Körper anbringen. Drei einzelne Schwanzfedern zwischen den übrigen positionieren. Zum Schluß die roten Mützenteile aufkleben, die weißen Bommel- und Pelzrandteile dagegenkleben. Die Augen und die Schnabelöffnung mit dünnem Filzstift einzeichnen. Kleben Sie im nächsten Schritt die Dachteile des Futterhäuschens beidseitig auf den dazugehörigen Rahmen, schieben Sie dabei an der Unterkante einen Futterring ein. Den Tannenzweig entlang der Außenkante zackenförmig einschneiden, mit dem Ast im Häuschen plazieren und zusätzlich einen Futterknödel auf den Zweig kleben. Das Schleifenband auf der Vorderseite des Hausdaches anpassen und die Schleife mit dem Knoten dazukleben. Nun die Herzform auflegen und die einzelnen Motive, zunächst ohne Klebstoff, darauf verteilen. Das lange Schleifenband hinter dem Häuschen plazieren und dazu entsprechend die beiden kleineren Vögel ausrichten. In der gleichen Weise den großen Vogel mit Schleifenband handhaben.
Alternativ zum großen, können Sie auch ein kleineres, motivähnliches Fensterbild anfertigen. Die Vorlagen, wie oben beschrieben, abpausen und auf Karton übertragen. Die Vögel erhalten weiße, ovale Augen; die Pupillen werden mit schwarzem Filzstift dazugemalt. Den separaten Schwanzzuschnitt so dazukleben, daß der größere Zwischenraum am Schwanzende ebenfalls mit Federn ausgefüllt ist. Das Vogelhäuschen mit Zweigen, Futterknödel und -stange versehen und mit Sternen (Stern 1 in der Vorlage) schmücken.

Verwenden Sie diesen leuchtenden Stern als Vorlage zur Bildszene: Vögel mit Herz.

2x
2x
2x
2x
1
2x
2
1

2x
2
2x
3

Schneemannkinder

Material:
Schneeballschlacht
Tonkarton: Weiß, Hellgrau, Gelb
Tonpapier: Blau, Hellgrau, Gelb, Rot, Mittelblau, Dunkelgrün, Orange
Transparentpapier: Blau, Gelb, Weiß

Material:
Tanzgruppe
Tonkarton: Weiß, Gelb
Tonpapier: Blau, Orange

Die Vorlagen zur Schneeballschlacht finden Sie auf Bogen A2 in blauer Kontur und auf Seite 39 ; die zur Tanzgruppe auf Seite 38.

Pausen Sie die Vorlagen zur Schneeballschlacht ab (Foto rechts), und übertragen Sie die Konturen der Schneelandschaft auf den hellgrauen Tonkarton. Beachten Sie auch die Bastelhilfe auf Seite 8.
Legen Sie das hellgraue Tonpapier unter den Tonkarton, und halten Sie beide Lagen entlang den Außenkanten mit einem Klebeband zusammen. Schneiden Sie die inneren Flächen der Landschaft heraus; dann erst das Motiv entlang der Außenkontur ausschneiden. Klappen Sie nun die Zuschnitteile auseinander, und überkleben Sie dann die freien Flächen auf der Rückseite des Tonkartons mit buntem Transparentpapier. Kleben Sie die Landschaftsteile kantengleich zusammen, so daß das bunte Transparentpapier dazwischen liegt.
Übertragen Sie nun alle Körperteile der Schneemannkinder auf den weißen, den Schlitten auf den gelben Tonkarton. Alle Teile ausschneiden. Die Mützen beliebig auf buntes, die Grasbüschel auf grünes Tonpapier übertragen und alles in doppelter Lage ausschneiden; die Bömmelchen benötigen Sie pro Mütze einmal.
Kleben Sie nun Kopf, Arme und Beine am Körper fest. Jetzt erhält jedes Schneemannkind noch eine Nase. Mit einem schwarzen Filzstift Augen, Mund und Knöpfe auf-, die Schlittschuhe ausmalen.
Zum Schluß die Mützenteile beidseitig auf dem Kopf plazieren und dabei den Bommel einschieben.
Fertigen Sie beliebig viele Schneemannkinder an. Verteilen Sie die drolligen Kerlchen und die Grasbüschel auf der Schneelandschaft, und kleben Sie auch noch ein paar Schneebälle dazu.
Zur Tanzgruppe benötigen Sie die Vorlage auf Seite 38. Pausen Sie das Schneemannkind sowie Stern 2 ab, und übertragen Sie den Körper beliebig oft auf weißen, den Stern einmal auf gelben Tonkarton. Schneiden Sie die Teile aus. Die Mützenform pro Schneemannkind in doppelter Lage aus blauem Tonpapier ausschneiden und auf dem Kopf oder an anderer Stelle plazieren. Augen, Mund und Knöpfe malen Sie mit einem schwarzen Filzstift auf.
Zum Schluß verpassen Sie den kleinen Kerlchen noch eine orangefarbene Nase. Und schon können Sie die Tänzer zum Schneewalzer aneinanderkleben.

Nikolauswerkstatt

Material
Tonkarton: Weiß, Tannengrün, Beige, Hellgrau, Mittelblau, Rot, Schwarz, Braun
Tonpapier: Goldgelb, Orange, Ocker
Transparentpapier: Gelb

Die großen Vorlagen zur Nikolauswerkstatt finden Sie auf Bogen A2 in schwarzer Kontur.

Dieses spaßige Kerlchen rechts dient als Vorlage für das im Fensterrahmen herumzappelnde Plüschbärchen. Die andere Bärchenform und die Ilex-Vorlage finden Sie auf Seite 20, die Vorlage für die weißen Sterne auf Seite 21, Stern 5.

Was macht eigentlich Nikolaus von Januar bis November? Nun, hier sehen wir es: Er ist ein fleißiger Handwerker; zimmert und bastelt im tiefen Tannenwald die Geschenke, die er allen braven Kindern am 6. Dezember bringt.
Beim Anfertigen des Fensterbildes können Sie diese Geschichte aufgreifen und für Ihre Sprößlinge märchenhaft ausschmücken.

Pausen Sie alle Vorlagen ab, und beachten Sie dabei die Bastelhilfe auf Seite 8.
Übertragen Sie den Fensterrahmen einmal und, ab der gestrichelten Linie, erneut das obere Fensterteil. Schneiden Sie zuerst die Fenster und die Sternform aus, dann erst die äußere Kontur. Überkleben Sie den Sternausschnitt mit gelbem Transparentpapier. Kleben Sie dann die Fensterteile kantengleich zusammen, so daß das Transparentpapier dazwischen liegt.
Übertragen Sie den Nikolauskörper und seine Bekleidung ebenfalls auf farbigen Tonkarton: einmal den Körper und zweimal den Arm in Beige; zweimal Haare und Bart sowie mehrmals den Nagel in Grau; zweimal das Hemd und viermal den Hemdsärmel in Blau; zweimal den Hosenträger in Weiß; zweimal die Hosentasche sowie zweimal das linke und rechte Hosenteil in Rot und einmal die Stiefel in Schwarz. Die Hockerteile und den Schlitten einmal auf braunen Tonkarton, den Hammer und das Taschentuch einmal auf das goldgelbe Tonpapier übertragen.
Alle Teile ausschneiden. Nun setzen Sie St. Nikolaus wie folgt zusammen: Das Hemd beidseitig auf den Körper, die Hemdsärmel auf die Arme kleben. Die Augen mit einem Filzstift aufmalen, dann Haare und Bart beidseitig am Kopf anbringen. Die Hosenteile nun paarweise zusammenkleben, und die Stiefel dabei einschieben. Die Hose beidseitig am Körper anpassen und die Hosentaschen aufkleben; dabei das Taschentuch einschieben. Nun noch die Hosenträger anbringen und mit rotem Filzstift die Knöpfe markieren. Zum Schluß die Arme ankleben.
Malen Sie den oberen Hammerbereich mit schwarzem Filzstift aus, und drücken sie diesen und einen Nagel in die Handflächen von Nikolaus. Schneiden Sie den Tannenbaum, die Sterne, die Ilex-Zweige und Bärchen (Anleitung Seite 18) aus. Arrangieren Sie die Motive vor und hinter dem Fensterrahmen.

Christbäume

Material:
Geschmückte Tanne
Tonkarton: Rot, Grün, Tannengrün, Weiß, Hellgrau
Tonpapier: Gelb, Weiß, Violett, Rot, Blau, Grau, Beige

Material:
Verschneite Tanne
Tonkarton: Weiß, Gelb

Die großen Vorlagen finden Sie auf Bogen A2 in schwarzer Kontur, die kleinen auf Seite 46 und 47.

Wer Katzen hat, kann vieles erleben. Besonders an Weihnachten, wenn die Kugeln des geschmückten Christbaumes die Lieblinge zum Spielen geradezu einladen. Da geht schon mal eine Kugel zu Bruch. Aus dieser Begebenheit heraus entstand das Fensterbild auf der nächsten Seite. Alternativ zu dieser großen Bildszene können Sie auch nur den Tannenbaum als schneebedeckten Christbaum anfertigen.

Pausen Sie die Vorlagen ab, und übertragen Sie den Tannenbaum auf den tannengrünen Tonkarton. Beachten Sie hierzu auch die Bastelhilfe auf Seite 8. Übertragen Sie dann die Tannenzweig-Jungtriebe auf den grünen Tonkarton. Sie benötigen Zweig 1 einmal, Zweig 2 zweimal, Zweig 3 zehnmal und Zweig 4 dreimal. Das Kerzenmotiv neunmal auf den weißen Tonkarton übertragen. Die Kugelanzahl bestimmen Sie selbst; zeichnen Sie die Kreiskontur entsprechend auf das bunte Tonpapier. Schneiden Sie nun alle Formen aus.
Malen Sie die Kerzenflamme mit einem gelben Filzstift aus und den Docht mit einem dünnen, schwarzen Stift ein. Schmücken Sie nun Ihren Tannenbaum, wie auf dem Foto ersichtlich.
Wenn Sie auch die Rückseite des Tannenbaummotives verzieren wollen, benötigen Sie genau die doppelte Anzahl an Zweigen, Kerzen und Kugeln. Übertragen Sie nun Stern 2 auf das gelbe Tonpapier, schneiden Sie ihn dann aus, und plazieren Sie ihn auf der Baumspitze; Stern 4 und 5 mehrfach, den Mond einmal ausschneiden, und auf der Rückseite des Fensterrahmens festkleben; den Baum plazieren Sie auf der Vorderseite. Die Katzen entlang der durchgehenden, starken Kontur einmal, den Arm zweimal auf den hellgrauen Tonkarton übertragen und ausschneiden. Die Augenform aus grauem, Augenweiß, Bauch, Schnurrbart, Pfoten und Schwanzstreifen aus weißem Tonpapier ausschneiden.
Zuerst die Innenkontur an den Ohren sowie die Nasenspitze schwarz ausmalen, dann erst die weißen Teile dem entsprechenden Katzenkörper beidseitig anpassen.
Zum Schluß malen Sie die Pupillen, Barthaare und Pfotenkonturen dazu. Die Spitze des beigefarbigen Zündholzes mit schwarzem und die Flamme mit gelbem Filzstift ausmalen. Plazieren Sie nun die Katzen rechts und links vom Christbaum, und drücken Sie dem purzelnden Kerlchen das Streichholz und seinem Brüderchen eine Christbaumkugel in die Pfote. Der Tannenbaum (links auf dem Foto) wird aus weißem Tonkarton ausgeschnitten. Ebenso einzelne Zweigtriebe in Weiß und Grün zuschneiden, diese übereinander angeordnet auf dem Baum verteilen und mit gelben Sternen (Stern 4 in der Vorlage) verzieren. Stern 3 auf der Spitze plazieren.

1
2
3
4
2x
2x
2x
4x
2x
2x
2x
2x
2x
2x
1

4
2
3
5
2x
2x
2x
2x
2x
4x
2x
2x
2x
2x

Weihnachten...

Material
Tonkarton: Weiß, Blau, Rot, Braun
Tonpapier: Hellgrau, Violett, Altrosa, Hellblau, Gelb, Orange
Transparentpapier: Hellblau, Gelb, Violett, Orange

Die kleineren Vorlagen zu diesem „bärigen" Fensterbild finden Sie auf Seite 50 und 51, den Eisbergrahmen auf Bogen A1 in blauer Kontur.

Es ist Nikolausabend. Auf einer großen Eisscholle überrascht Mama Eisbär ihre beiden Sprößlinge mit einem leckeren Festtagsschmaus. Fertigen Sie diese niedliche Fensterbildszene als Standbild an.

Pausen Sie alle Vorlagen ab, die Sie für dieses Fensterbild benötigen. Beachten Sie auch die Bastelhilfe auf Seite 8.
Übertragen Sie dann die einzelnen Teile jedes Motives auf Tonkarton: Das rechteckige Standteil auf Blau – kontern Sie dabei die Vorlage entlang der Strich-Kreuz-Strichlinie (Konturlinie); die Eisscholle mit angeschnittenem Eisbergrahmen zweimal auf Weiß; den Körper der Bären einmal, die Ohren, Arme und Beine sowie Pelzbesatz und Bommel der Mütze zweimal auf Weiß; den Sack einmal auf Braun; die äußere Mützenkontur und den zweiteiligen Schal zweimal auf Rot.
Alle anderen Teile übertragen Sie auf Tonpapier: Beginnen Sie mit dem grauen Teil, das die Dicke der Eisscholle darstellt, und zeichnen Sie es zweimal auf Hellgrau; das Ohrinnere und die Augen zweimal auf Hellblau; den oberen Sackrand zweimal auf Orange; die Fische in beliebiger Anzahl auf Violett, Altrosa und Hellblau.
Schneiden Sie alle Teile aus. Ritzen Sie den Karton entlang der mittleren Konturlinie leicht an, und falten Sie ihn der Länge nach zur Hälfte. Kleben Sie dann entlang der Faltkante die grauen Eisschollenteile beidseitig auf. Den Innenausschnitt eines Eisbergrahmens auf der Rückseite mit blauem, die Sonne mit orange-, violett- und gelbfarbigem Transparentpapier überkleben, dann beide Rahmenteile beidseitig und kantengleich gegeneinander auf das blaue Standteil kleben. Nun fertigen Sie Mama Bär an: Das kurze Teil des Schals beidseitig auf den Hals kleben, dann das lange Teil – ab Unterkiefer – entlang der Bauchkante plazieren. Die Ohren entlang der gestrichelten Linie anritzen und das schmale Teil nach hinten falten. Auf der Vorderseite das hellblaue Ohrinnere aufkleben. Die Mützenteile mit Pelzbesatz und Bommel beidseitig am Kopf aufkleben, dabei die Ohren am unteren Mützenrand einschieben. Nun noch Arme und Beine in Stellung bringen und ebenfalls beidseitig auf den Körper kleben.
Die Sprößlinge von Mama Bär in gleicher Weise, jedoch ohne Mütze und Schal, anfertigen.
Um die Figuren lebendiger zu gestalten, malen Sie mit einem rosafarbigen Buntstift die Wangen nach und die Zunge flächendeckend aus. Mit einem schwarzen, dünnen Filzstift umranden Sie dann die Augen und malen die Pupille ein. Die Nasenspitze ebenfalls schwarz ausmalen.
Zum Schluß noch die Hautfalten für die Krallen an Armen und Beinen in dünnen Linien andeuten.
Die orangefarbigen Randteile beidseitig und kantengleich am Sack anpassen und dabei ein bis zwei Fische einschieben. Arrangieren Sie Familie Bär auf der Eisscholle, und schmücken Sie das Bild noch mit ein paar Sternen aus gelbem Tonpapier (Sterne 4, 5 und 6).

...am Nordpol

1
2
3
2x
2x
2x
2x

2x
2x
2x
2x
2x
2x
2x
2x
2x
2x
4
5
6

Nikolaus auf Tour

Material
Tonkarton: Rot, Weiß, Schwarz, Orange, Braun, Gelb
Tonpapier: Beige, Grau, Blau, Grün, Ocker, Orange

Die Vorlagen zu St. Nikolaus finden Sie auf Bogen B2 in blauer Kontur, den Tannenbaum auf Bogen A2 in schwarzer Kontur; Plüschbärchen, Mond und Sterne auf Seite 50.

Verwenden Sie diese Laterne als Vorlage.

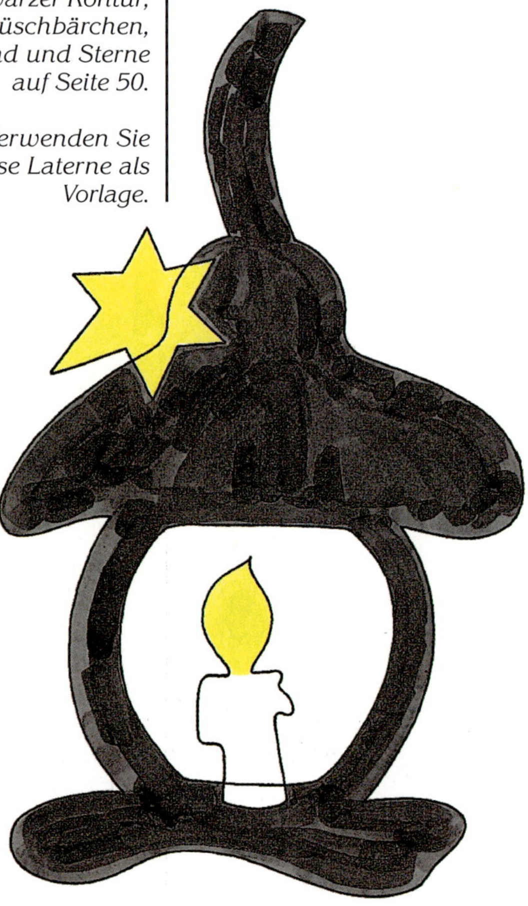

Bevor Sie mit Ihrer Bastelarbeit beginnen, beachten Sie auch die Bastelhinweise auf Seite 8 und 9.
Pausen Sie alle Vorlagen zu diesem stimmungsvollen Fensterbild ab. Übertragen Sie nun die einzelnen Motive, wie nachfolgend aufgeführt, und schneiden Sie die Teile sorgfältig aus: Den Rahmen benötigen Sie einmal aus schwarzem, den Tannenbaum aus weißem Tonkarton. Stern 3 in beliebiger Anzahl in Gelb ausschneiden und auf der Tanne verteilen. Die Päckchen entsprechend der Vorlage in mehreren beliebigen Größen aus Tonkarton und Tonpapier ausschneiden, anschließend mit kontrastierenden Bändern und Schleifen versehen.
Den Schlitten benötigen Sie einmal aus orangefarbigem, den Sack wiederum aus braunem Tonkarton. Flicken und Sackrand zweimal aus beigem und ockerfarbigem Tonpapier ausschneiden und beidseitig, wie in der Vorlage zu sehen, auf den Sack kleben; dabei an der vorderen und hinteren Oberkante die Päckchen einschieben. Ein paar Schlingstiche entlang den Flickenkanten mit einem schwarzem Filzstift andeuten, dann den Sack auf dem Schlitten plazieren.
Den Mond einmal und Stern 3 zwei- bis dreimal aus gelbem Karton ausschneiden. Das Mondgesicht erhält beidseitig ein weißes Auge mit aufgemalter, schwarzer Pupille; die Gesichtszüge in dünnen Linien nachzeichnen.
Nun fertigen Sie St. Nikolaus an: Übertragen Sie die gesamte Körperkontur einmal, die Mütze zweimal auf roten Tonkarton. Bart und Haare sowie die Pelzbesätze zweimal (den vorderen Verschlußbesatz nur einmal!) auf weißen Tonkarton übertragen und ausschneiden. Legen Sie den Körper auf das beigefarbige Tonpapier, und umranden Sie den Kopf bis zum Halsansatz. Entfernen Sie das Körperteil, und verbinden Sie die Eckpunkte durch eine leicht nach außen geschwungene Linie. Schneiden Sie dieses Kopfteil doppelt aus, und kleben Sie die Teile beidseitig kantengleich auf das rote Körperteil. Schließlich das Ohr ebenfalls zweimal ausschneiden.
Jetzt alle Pelzbesätze, wie in der Vorlage eingezeichnet, beidseitig der Körperform anpassen. Haar- und Bartteile am Kopf aufkleben und die Ohren seitlich einschieben; die Mütze mit Pelzbesatz und Bommel positionieren. Das Augenweiß ebenfalls aufkleben, dann die Pupillen und Gesichtszüge dazuzeichnen.
Den Gürtel zweimal in Schwarz, die Schließe einmal in Grau ausschneiden und in Höhe der Körpertaille aufkleben. Nun benötigen Sie noch einmal die Laterne in Schwarz sowie eine Kerze in Weiß, deren Flamme mit gelbem Filzstift ausgemalt wird. Kleben Sie die Kerze mittig in die Laterne, und drücken Sie diese St. Nikolaus in die Hand. Das Bärchen auf weißen Karton übertragen und ausschneiden. Bauch, Schnauze sowie das Ohrinnere aus grauem Tonpapier ausschneiden und aufkleben. Mit Filzstift das Gesicht aufmalen.
Plazieren Sie die Motive auf dem Rahmen: Das Bärchen unter den Arm des Nikolaus, der noch mit einigen orangefarbigen Sternen verziert wird. Die 3 mm schmale Zugleine aus Tonkarton beidseitig vorne am Schlitten und die Schlaufe in die Hand des Nikolaus einhängen.

ZUCKER
Raffinade

Himmlisch geschmückt

Erfreuen Sie sich an dem himmlischen Geschehen zur Weihnachtszeit, das in diesem Kapitel auf märchenhafte Weise in Szene gesetzt wird. Mit der Weihnachts-Bäckerei am Küchenfenster macht das Plätzchenbacken nochmal so viel Spaß. Auch kleine Turmbläser und Sternkinder bezaubern durch glanzvolle Effekte.

Weihnachts-Backstube

Material: Backstube
Tonkarton: Weiß, Hellbeige, Mittelbraun, Hellgrau, Mittelblau
Tonpapier: Hellorange, Orange, Gelb
Plakatkarton: Gold
Papierfolie: Gold

Material: Mondszene
Tonkarton: Gelb, Hellbeige, Weiß, Mittelbraun

Die Vorlagen zur himmlischen Weihnachts-Backstube finden Sie auf Bogen B2 in schwarzer Kontur.

Zum Aufbau der weihnachtlichen Backstube benötigen Sie Wolke 1, 2 und 3. Schneiden Sie die Formen aus weißem Tonkarton aus, und beachten Sie hierzu auch die Bastelhilfe auf Seite 8.
Schieben Sie die Formen ineinander. Sie sollten die Rahmenteile mit Klebstoff fixieren. Entfernen Sie innerhalb der Wolken kreuzende Rahmenstege, wie in der Grafik auf Bogen B2 dargestellt. Pausen Sie nun auch alle anderen Vorlagen ab.
Übertragen Sie den Backofen auf hellgrauen Tonkarton, und schneiden Sie die Fläche der offenen Feuerstelle heraus. Die Backofentüren an der oberen Rundung, der Unterkante und der mittleren Trennlinie entlangschneiden. Drehen Sie das Teil um, und ritzen Sie die seitlichen Türlinien leicht an, so daß sich die Türen nach vorn hin leicht öffnen lassen. Die Flammen aus gelbem und orangefarbigem Tonpapier an die Unterkante der Feuerstelle kleben, dann die freien Flächen mit blauem und orangem Transparentpapier abdecken. Aus weißem Karton schneiden Sie 24 x 54 mm große Mauersteine, und plazieren Sie diese zueinander versetzt auf dem Backofen. Ergänzen Sie noch freie Flächen mit kleineren Steinen.
Alle Engel werden in gleicher Weise angefertigt. Engel 2 und 3 hantieren in der oberen Wolke; in doppelter Ausführung arbeitet Engel 1 in der linken, Engel 2 in der rechten Wolke. Sie benötigen pro Engel einmal das Körperteil, das separat dazugezeichnete Bein, zweimal den Arm (je nach Vorlage) aus beigem Tonkarton. Das Kleid zweimal aus blauem, die Schürze aus weißem Tonkarton ausschneiden. Den Flügel zweimal aus Papierfolie, die Haare aus dem Plakatkarton ausschneiden.
Kleben Sie die Teile am Körper fest: zuerst das Bein, beidseitig das Kleid mit eingeschobenen Flügeln, dann die Schürze und zum Schluß die Haare. Die Arme erst ankleben, wenn Sie die Backgeräte angefertigt haben, um die genaue Stellung festzulegen.
Den Brotschieber, das Nudelholz und den Kochlöffel einmal aus braunem Tonkarton ausschneiden. Den Brotschieber seitlich und am Stielansatz mit hellem orangefarbigen Papier optisch abgrenzen; in gleichem Farbton das Backwerk aufkleben. Die seitliche Fläche des Nudelholzes in hellem Beige absetzen. Die Teigschüssel einmal in ihrer ganzen Form, den Schüsselrand zweimal in Grau ausschneiden. Den Rand beidseitig der Schüssel anpassen. Die Teigmasse zweimal in hellem Orange zuschneiden, dann in und außerhalb der Schüssel plazieren. Die Rosinentüte aus grauem, die Rosinen aus braunem Tonkarton ausschneiden. Die Konturen der Tüte mit schwarzem Stift nachzeichnen, dann die Rosinen aufkleben.
Bringen Sie nun jedes Engelchen in die gewünschte Position, geben Sie jedem Engel sein Arbeitsgerät in die Hand, und fixieren Sie die emsigen Bäcker mit Klebstoff auf den Wolken.
Sie können auch das kleinere Drehbild – rechts auf dem Foto – mit Engel 2 in doppelter Ausführung, jedoch in einer anderen Aufmachung nachbasteln. Den Körperaufbau entnehmen Sie der Anleitung oben. Den Mond benötigen Sie einmal aus gelbem, den Lebkuchen aus braunem Tonkarton. Die Augen in Weiß mit aufgemalten Pupillen beidseitig auf den Mond kleben.

Was wäre die weihnachtliche Bäckerei ohne die süßen Rosinen! Verwenden Sie diese prallgefüllte Tüte als Vorlage.

Sternkinder

Material: Mobile
Plakatkarton: Gold
Tonkarton: Weiß
Papierfolie: Kupfer

Material: Tanzgruppe
Tonkarton: Weiß, Gelb, Braun

Pausen Sie die Vorlagen ab. Verwenden Sie hochtransparentes Zeichenpapier, und kleben Sie bei Bedarf zwei Blätter aneinander. Übertragen Sie dann den großen Stern auf die Rückseite des goldfarbigen Plakatkartons.
Legen Sie entsprechend der Sterngröße einen weiteren Karton mit den lackierten Seiten gegeneinander darunter, und halten Sie die Lagen außerhalb der Sternkontur mit Klebeband oder Heftklammern zusammen. Schneiden Sie zuerst die innere, dann die äußere Kontur aus. Bevor Sie die Sterne auseinanderklappen, markieren Sie die Zuschnittpaare an einer Zackenspitze, so daß Sie die Teile später wieder exakt aufeinanderlegen können. Streichen Sie auf die Rückseite eines Sternteils Klebstoff auf, und kleben Sie das andere Teil kantengleich darüber.
Übertragen Sie nun Stern 1 beliebig oft ebenfalls auf den Plakatkarton, und schneiden Sie die Sterne paarweise zu; ebenso die Haarteile der Kinder ausschneiden. Übertragen Sie nun die Körperteile: 1A bis 1C benötigen Sie für das Sternkind in Seitenansicht, 2A bis 2C für das Kind in frontaler Position.
Legen Sie nun die Sterne paarweise auseinander, und kleben Sie auf die Kartonrückseite eines Sterns zuerst den Kopf, dann die Arme und Beine auf; das zweite Sternteil kantengleich auf das erste aufkleben. Achtung: Bei dem Kind in Seitenansicht werden die Arme zum Schluß auf der Sternaußenseite plaziert! Jetzt die Haare ankleben, und das Gesicht mit einem schwarzen Filzstift aufmalen. Geben Sie den Himmelskindern kupferfarbene Sternchen in die Hand (Stern 2 und 3).
Wer eine Tanzgruppe anfertigen möchte, kann die Sternkinder, wie unten dargestellt, aneinanderreihen. Schneiden Sie die Körper in Weiß, den Stern in Gelb und die Haare in Braun zu.

Die Vorlagen zu diesen fröhlichen Sternkindern finden Sie auf Seite 62; den großen Stern auf Bogen B1 in blauer Kontur.

Turmbläser

Material
Plakatkarton: Gold
Tonkarton: Grau, Beige, Weiß

Bevor Sie mit Ihrer Arbeit beginnen, beachten Sie auch die Bastelhilfe auf Seite 8 und 9. Pausen Sie alle Vorlagen ab, die Sie für das Fensterbild benötigen; vergleichen Sie dabei die Konturen mit den Motiven auf dem Foto.
Übertragen Sie den Turm ohne die eingezeichneten Sterne einmal auf grauen Tonkarton, und kontern Sie dann die halbe Turmvorlage entlang der Strich-Kreuz-Strichlinie (Konterlinie).
Schneiden Sie zuerst das Turmfenster aus. Die Türkontur entlang der abgerundeten Oberkante, der Unterkante sowie der Mittellinie einschneiden; die seitlichen Konturlinien von der Rückseite aus nur leicht anritzen, so daß sich die Türen später zur Vorderseite hin leicht öffnen lassen. Zum Schluß die äußere Turmkontur ausschneiden.
Übertragen Sie nun die Kuppel und das Geländer inklusive der Sterne auf die Rückseite des Plakatkartons. Legen Sie ein weiteres Kartonteil darunter, so daß die lackierten Kartonflächen gegeneinander liegen. Halten Sie die Lagen entlang der Außenkante mit Klebeband zusammen. Zuerst die Sterne und dann die äußere Konturlinie ausschneiden. Kleben Sie nun die Kuppel- und die Geländerteile beidseitig auf das graue Turmteil. Die ausgeschnittenen Sterne versetzt zu den Ausschnitten darüberkleben.
Fertigen Sie nun die Engel in beliebiger Anzahl an: Sie benötigen den Körper einmal und den Arm zweimal aus beigem Tonkarton; das Kleid zweimal und die Ärmel viermal aus weißem Tonkarton; das Haarteil zweimal aus grauem Tonkarton. Kleben Sie das Kleid beidseitig am Körper und die Haare am Kopf an. Die Ärmel beidseitig auf die Arme kleben, dabei die Armrundung kantengleich ausrichten. Plazieren Sie die Arme auf dem Kleid; beachten Sie dabei die Stellung, wie auf dem Foto zu sehen. Schneiden Sie nun noch die Posaune und das Horn aus dem Plakatkarton aus, und kleben Sie die Instrumente auf die Turmbläser. Verteilen Sie die himmlischen Bläser auf dem Turmgeländer, und hängen Sie das Bild mit ein paar Sternen in Ihr Fenster.

Die Vorlagen zu diesen kleinen Turmbläsern finden Sie auf Seite 63; den Turm finden Sie auf Bogen B1 in blauer Kontur.

Glockenspiel

Pausen Sie die Vorlagen ab: die Glocke, die dreiteilige Schleife und den Stern. Übertragen Sie die Glockenkontur einmal auf die Rückseite des Plakatkartons.
Schneiden Sie zuerst die ovale Innenfläche, dann die gesamte Außenkontur aus. Verwenden Sie diese Form als Schablone, und zeichnen Sie nun immer paarweise (Vorder- und Rückseite der Glocke beachten!) noch weitere Glokken auf. Schneiden Sie alle Formen aus. Kleben Sie dann jedes Zuschnittpaar mit der nicht beschichteten Seite gegeneinander zusammen. Die Schleife, das Band und den Knoten in der Anzahl der Glocken auf weißen und blauen Tonkarton übertragen. Ein weiteres Kartonteil darunterlegen und die Kanten mit Klebeband fixieren. Schneiden Sie die Formen in doppelter Lage aus, und kleben Sie die Teile beidseitig an der Glockenoberkante auf: Zuerst das Band, dann die Schleife und zum Schluß den Knoten. Achten Sie auch hier auf Kantengleichheit.
Schneiden Sie ein paar Sterne aus weißem Tonkarton aus, und kleben Sie diese seitlich an den Glocken fest. Legen Sie die Motivteile untereinander, und verbinden Sie alle mit einem Stück Faden.
Sie können die Glocken auch einzeln aufhängen und über das gesamte Fenster verteilen. Auch eine Dekoration in Form einer Glockenkette entlang der Fensteroberkante ist möglich.

<u>Material</u>
Plakatkarton: Gold
Tonkarton: Blau, Weiß

Die Vorlagen zum weihnachtlichen Glockenspiel finden Sie auf Bogen A2 in blauer Kontur.

2x
2x
1B
1A
2x
1C
2x
1
2
2x
2x
3
2x
2A
2B
2x
2x
2C

3
2
2x
4x
2x
1
2x

Engelchor

Material: Notenblatt
Tonkarton: Mittelblau, Weiß
Plakatkarton: Gold
Papierfolie: Kupfer, Silber

Die Vorlagen zur Notenblattszene finden Sie auf Seite 63 und auf Bogen A2 in blauer Kontur.

Material: Wolke
Tonkarton: Blau, Weiß, Violett, Flieder

Die Vorlagen zur Wolkenszene finden Sie auf Bogen A2 in blauer Kontur.

Zum Bildaufbau der Notenblattszene können Sie eine beliebige Rahmenform in der Größe von 42 x 55 cm wählen; die Rahmenbreite sollte oben und an den Seiten 4 cm, unten 9 cm betragen. Sie können auch den Rahmen des Fensterbildes auf Seite 45, jedoch ohne Innenstege, verwenden.

Zeichnen Sie die gewünschte Rahmenform auf blauen Tonkarton, und schneiden Sie zuerst die innere Fläche heraus, dann die äußere Konturlinie entlang. Pausen Sie nun den fliegenden Engel, Stern 1, 2 und 3 sowie Note und Notenschlüssel von Seite 63 ab. Den zweiten, stehenden Engel und den großen Stern finden Sie auf Bogen A2.

Schneiden Sie vom weißen Tonkarton zehn 4 mm schmale Streifen in der Gesamtbreite Ihres Rahmens zu, und kleben Sie diese in einer Anordnung, wie auf dem Foto zu sehen, auf die Rahmenrückseite.

Übertragen Sie die Konturen von Note, Notenschlüssel, Engeln und Sternen in beliebiger Anzahl auf die Papierfolie. Beachten Sie hierzu auch die Bastelhilfe auf Seite 8.

Schneiden Sie die Formen aus. Bei den Engeln zuerst die inneren Konturen, dann die äußeren Konturen ausschneiden. Den großen Stern zweimal aus dem Plakatkarton zuschneiden und danach beidseitig oberhalb des Rahmens plazieren.

Kleben Sie den Notenschlüssel und die Noten auf die „Notenlinien“, die anderen Motive verteilen Sie auf dem Rahmen. Beachten Sie hierzu die Bastelhilfe auf Seite 9.

Zum Bildaufbau der Wolkenszene können Sie Wolke 1 des Fensterbildes auf Seite 54 (Anleitung auf Seite 56) abpausen, auf blauen Tonkarton übertragen und ausschneiden. Den Engel, den Stern und die Glocke mit Schleife finden Sie auf Bogen A2.

Übertragen Sie die Konturen der Glockenform zweimal auf weißen, das Schleifenband einmal auf violetten, Schleife und Knoten auf fliederfarbigen Tonkarton. Schneiden Sie dann die Teile in doppelter Kartonlage aus.

Den Engel einmal auf violetten und fliederfarbigen Tonkarton übertragen; zuerst die Innen-, dann die Außenkonturen auschneiden. Die Glokken und die Schleifen beidseitig oben an der Wolke aufkleben, die Engel auf der unteren Rahmenform plazieren.

Schneiden Sie noch ein paar weiße Sterne aus, und ergänzen Sie damit Ihr Bild.

Verschneiter Wald

<u>Material</u>
Tonkarton: Blau, Tannengrün, Weiß, Braun, Orange
Tonpapier: Weiß, Rot

Die Vorlagen zu dieser heiteren Waldszene finden Sie auf Seite 70 und 71, den großen Tannenbaum und den Baumstamm auf Bogen A2 in blauer Kontur.

Diesen kleinen Waldbewohner können Sie ebenfalls in Ihr Fensterbild miteinbeziehen. Verwenden Sie die Illustration als Vorlage.

Kleben Sie die Bildmotive einzeln auf die Fensterscheibe, oder arrangieren Sie diese auf einem beliebig großen, 4 cm breiten Rahmen. Sollten Sie sich für eine Herzform, wie auf dem Foto zu sehen, entscheiden, können Sie den Rahmen der fleißigen Gesellen auf Seite 34 verwenden (Anleitung auf Seite 36).
Pausen Sie diese Vorlage und auch alle anderen Motivkonturen ab: Den Schneemann, den kleinen und den großen Tannenbaum, den Baumstamm, die Eichhörnchen, sowie Stern 1 und 2.
Übertragen Sie die Konturen, wie nachfolgend beschrieben: den Schneemann einmal, die Sterne in beliebiger Anzahl auf weißen Tonkarton; den Eichhörnchenkörper einmal, Arme, Beine und Ohr zweimal auf den orangefarbigen Tonkarton; die Tannen in beliebiger Anzahl auf grünen Tonkarton; beachten Sie dabei, daß die Tanne mit Stamm aus zwei grünen Kartonteilen besteht, das bedeutet, Sie müssen eine große Tannenform in doppelter Lage ausschneiden. Schneiden Sie auch die anderen aufgezeichneten Motivteile aus.
Weiterhin benötigen Sie pro Tanne zweimal die Schneeflächen: Übertragen Sie diese einmal auf weißes Tonpapier, und schneiden Sie dann die Flächen in doppelter Papierlage zu. In der gleichen Weise die Mütze des Schneemanns auf rotes Tonpapier übertragen und ausschneiden. Ast und Baumstamm werden einmal aus braunem Tonkarton angefertigt.
Kleben Sie nun die in doppelter Lage ausgeschnittenen Tannenteile kantengleich zusammen, und schieben Sie an der Unterkante den Baumstamm ein. Kleben Sie dann die weißen Flächen beidseitig auf alle Tannenzuschnitte.
Die Mützenteile des Schneemanns ebenfalls beidseitig auf seinen Kopf, den Ast auf die Vorderseite des Körpers kleben. Schneiden Sie dem Schneemann noch eine orangefarbige Nase aus Tonkarton, und plazieren Sie diese mitten im Gesicht. Die Augen und die Knöpfe mit schwarzem Filzstift aufmalen.
Das Augenweiß der Eichhörnchen aus weißem Tonpapier auschneiden und am Kopf aufkleben. Pupille und Nase mit schwarzem Filzstift ausmalen. Legen Sie die Stellung der Ohren, Arme und Beine fest, und kleben Sie diese beidseitig an den Körper.
Jetzt können Sie alle Motivteile zu einer hübschen Fensterbildszene auf dem Bildrahmen arrangieren.
Beachten Sie dabei auch die Bastelhilfe auf Seite 9.
Übrigens: Die Eichhörnchen können ohne weiteres auch anderen Fensterbildszenen zugeordnet werden.

Filigraner Stern

Material:
Papierfolie: Gold, Kupfer, Silber

Die Vorlagen zu diesem glanzvollen Stern mit Engeln finden Sie auf Seite 70.

Pausen Sie die Vorlagen ab. Schneiden Sie aus Papierfolie zwei Rechtecke in der Größe von 47 x 13 cm. Falten Sie die Folienrechtecke in Form einer Ziehharmonika; beginnen Sie an einer schmalen Kante, und achten Sie dabei auf eine Faltentiefe von 2 cm. Legen Sie nun die rechteckige Vorlage mit den eingezeichneten Stegen auf die oberste Falte; achten Sie darauf, daß die Falzkantenlinien der Vorlage bündig mit den Falzkanten der Ziehharmika-Folie abschließen. Übertragen Sie sorgfältig die Stegkonturen. Schneiden Sie nun mit dem Cutter die schraffierten Flächen vorsichtig durch alle Lagen hindurch aus. Da dies nicht mit einem Schnitt möglich ist, schneiden Sie Lage für Lage heraus und achten darauf, daß dabei die Falzkanten nicht verrutschen. Kleben Sie die gefalteten Rechtecke aneinander.
Ziehen Sie mittig an der Unterkante mit Hilfe einer Nadel einen starken Faden ein. Verknoten Sie diesen sicher, achten Sie jedoch darauf, daß Sie die Fadenschlinge nicht zu eng halten. Fächern Sie die Papierfalten zum Stern auf; die aufeinandertreffenden Flächen mit Klebstoff fixieren.
Übertragen Sie die Konturen des Engels beliebig oft auf Papierfolie, und schneiden Sie zuerst die Innen-, dann die Außenkontur aus. Befestigen Sie die Engel mit einem Faden am Stern. An der obersten Sternzacke ebenfalls einen Faden einfädeln, um das Bild aufhängen zu können.

Heilige Familie

Pausen Sie die Konturen der Heiligen Familie, des Tannenbaumes, der Sterne und der Zweige ab. Zur Anfertigung des Stalls messen Sie den Rahmen auf der Vorlage aus und übertragen die Maße auf braunen Tonkarton.
Übernehmen Sie auch die Maße der Zaun- und der Dachteile sowie die der Krippe, und schneiden Sie entsprechend braune Tonkartonstreifen aus. Die auf dem Fensterbild angedeutete Bretterwand besteht aus 1,5 bis 2 cm breiten Kartonstreifen in Braun und Rostbraun. Schneiden Sie entsprechend breite Kartonstreifen zu, und kleben Sie diese – in der Farbe abwechselnd – beidseitig entlang dem oberen Rahmensteg auf; sie sollten maximal 4 cm in den Rahmen hineinragen; die Dachschräge brauchen Sie dabei noch nicht zu berücksichtigen. Kleben Sie beidseitig die Dachstreifen und die Zaunteile auf den Rahmen. Schneiden Sie entlang der oberen Dachkante die überstehenden Streifen der Bretterwand ab.
Fertigen Sie nun Maria, Josef und das Jesuskind an: Übertragen Sie die Körperkonturen einmal und die Arme zweimal auf den weißen Tonkarton, und schneiden Sie die Teile aus. Den Bart der Josef-Figur einmal auf das graue Tonpapier übertragen und in doppelter Lage ausschneiden. Den Umhang von Maria und Josef einmal auf die violette und die kupferne Papierfolie übertragen und ebenfalls in doppelter Lage zuschneiden.
Kleben Sie zuerst den Bart beidseitig an den Kopf, danach die Arme an den Körper; zum Schluß den Umhang plazieren. In gleicher Weise Arme und Umhang an das Körperteil der Maria-Figur kleben. Legen Sie den Körper der Jesus-Figur auf die silberne Papierfolie, umranden Sie ihn, und schneiden Sie dieses Teil in doppelter Lage aus; überkleben Sie damit beidseitig den Körper. Jetzt schneiden Sie noch einen Heiligenschein aus und plazieren ihn am Hinterkopf. Arrangieren Sie die Heilige Familie innerhalb des Stalls, und kleben Sie die Figuren fest. Schneiden Sie nun noch Tannenbaum, Zweige und Sterne aus weißem Tonkarton aus, und ergänzen Sie damit, wie auf dem Foto zu sehen, die weihnachtliche Szene. Wer will, kann noch mehr Bäume ausschneiden und einzeln auf die Scheibe kleben, so daß die Krippe inmitten eines Waldes steht.

Die Vorlagen zur Heiligen Familie finden Sie auf Bogen A1 in blauer Kontur.

Material
Tonkarton: Braun, Rostbraun, Weiß
Tonpapier: Grau
Papierfolie: Kupfer, Violett, Silber

Falzkante
Falzkante

2x
1